Discovery Education 探索·科学百科（中阶）

# 1级D4 天气解秘

全国优秀出版社
全国百佳图书出版单位

广东教育出版社 学乐

中国少年儿童科学普及阅读文库

# 探索·科学百科™

中阶

天气解密

1级D4

[澳]爱德华·克洛斯⊙著

孙亚莉(学乐·译言)⊙译

# Discovery
## EDUCATION™

全国优秀出版社
全国百佳图书出版单位

广东教育出版社  掌桥

广东省版权局著作权合同登记号

图字：19-2011-097号

本书原由 Weldon Owen Pty Ltd 以书名 *DISCOVERY EDUCATION · All about the Weather*

（ISBN 978-1-74252-154-1）出版，经由北京学乐图书有限公司取得中文简体字版权，授权广东教育出版社仅在中国内地出版发行。

**图书在版编目（CIP）数据**

Discovery Education探索·科学百科，中阶.1级.D4，天气解秘/ [澳]爱德华·克洛斯著；孙亚莉（学乐·译言）译. 一广州：广东教育出版社，2012.6

（中国少年儿童科学普及阅读文库）

ISBN 978-7-5406-9089-2

Ⅰ.①D… Ⅱ.①爱… ②孙… Ⅲ.①科学知识一科普读物 ②天气一少儿读物 Ⅳ.①Z228.1 ②P44-49

中国版本图书馆 CIP 数据核字(2012)第086966号

**Discovery Education探索·科学百科（中阶）**
**1级D4 天气解秘**
著 [澳]爱德华·克洛斯 译 孙亚莉（学乐·译言）

**责任编辑** 张宏宇 李 玲 **助理编辑** 能 昀 李开福 **装帧设计** 李开福 袁 尹

**出版** 广东教育出版社
　　　地址：广州市环市东路472号12-15楼 邮编：510075 网址：http://www.gjs.cn
**经销** 广东新华发行集团股份有限公司 **印刷** 北京顺诚彩色印刷有限公司
**开本** 170毫米×220毫米 16开 **印张** 2 **字数** 25.5千字
**版次** 2016年3月第1版 第2次印刷 **装别** 平装

ISBN 978-7-5406-9089-2 定价 8.00元

**内容及质量服务** 广东教育出版社 北京综合出版中心
　　　电话 010-68910906 68910806 网址 http://www.scholarjoy.com
**质量监督电话** 010-68910906 020-87613102 **购书咨询电话** 020-87621848 010-68910906

# 目录 | Contents

太阳能·······························6

什么是天气?·····················8

风起云涌··························10

世界上的水·····················12

波浪的运动·····················14

云的分类··························17

雷暴天气··························18

致命的闪电·····················20

咆哮的暴风雪··················22

旱灾·······························24

天气预报··························26

气候改变··························28

**互动**

自制云朵··························30

**知识拓展**·····················31

# 太阳能

**地**球上各种天气变化都是在太阳能作用下形成的。太阳放射出太阳辐射，推动气候和天气转变。太阳能给地球带来温暖，使生命得以生存。天气的好坏会给人类、动物以及植物的生存方式带来影响。构成天气的各种气象要素包括风、云、雨、雪、雷暴等。某一地区长期的天气状况就形成了气候。

## 太阳的热量

阳光将一部分太阳能量传递到地球。由于地球是球体，赤道附近的热带地区接受的太阳热量最直接。靠近南极和北极的地区，太阳在天空中的位置要低得多，导致阳光照射的区域更加分散，因此，这些地区气温要低得多。

海洋风暴

飓风

## 不可思议！

地球外围有一层薄薄的混合气体，这层气体被称为大气层。大气层就像橘子皮一样包裹着地球表面。从地面到空中100千米的气层都属于大气层。

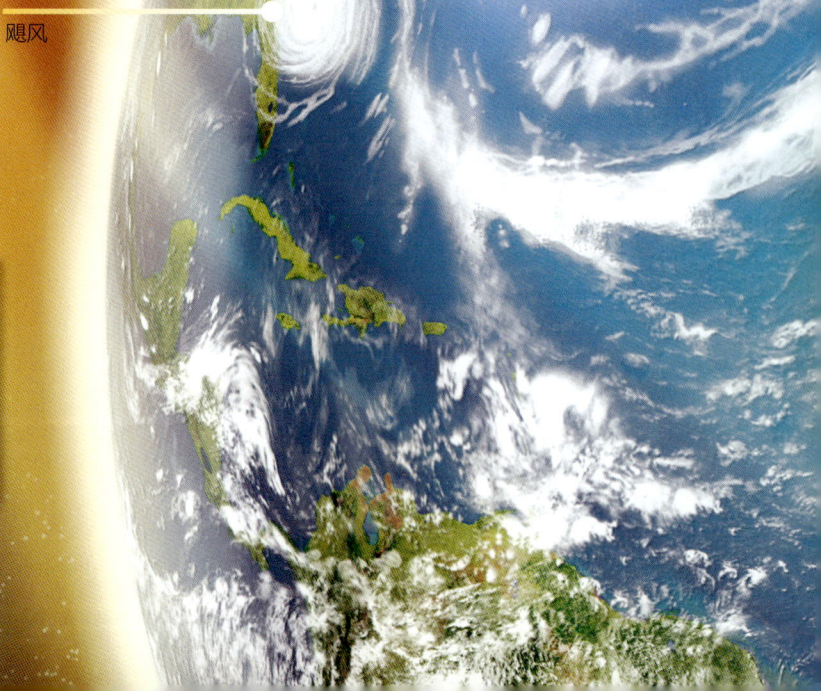

急速气流

火山灰形成的浓烟

沙尘暴

## 四季更替

由于地轴呈23.5度夹角，因此在一年之中南北半球接收到的太阳光是不同的。哪个半球朝向太阳，那里就是夏天。哪个半球远离太阳，那里就是冬天。

北半球春季
南半球秋季

北半球夏季
南半球冬季

太阳

北半球冬季
南半球夏季

北半球秋季
南半球春季

# 什么是天气?

天气就是地球大气的状况,各地天气状况各有不同,即使在同一地区,每一天的天气情况也是不一样的。天气会影响人类对住所的选择,影响人类的各种活动,甚至影响到我们的衣着。极端天气会导致恶劣的天气状况,如:暴风雪、长期干旱、热浪以及林野火灾。

**雨**

生命离不开雨。雨水稀少的地区通常荒无人烟,也难见植物和动物。庄稼生长需要雨,动物生存也离不开水。

**雪**

在非常寒冷的天气里,雪仿佛给地面盖了一层厚厚的棉被。但暴风雪会导致高速公路封闭,飞机无法起飞,火车晚点。

**洪水**

强降雨后会出现洪水,这时土壤无法吸收过多的雨水,河流决口,洪水会淹没大片土地。

### 干旱

当一个地区连续数月或数年降雨量都很少时，就会出现旱灾。庄稼枯死，河流干涸，牲畜也会遭殃。

### 飓风

飓风是具有超级破坏力的强风暴，通常都会带来强降水，毁坏建筑和树木。

### 闪电

强雷雨天气常常伴随着闪电。雷暴云内部，电能不断蓄积就形成了闪电。

### 龙卷风

龙卷风是一股小范围猛烈旋转的柱状气流，从地面一直延伸到天空。在美国，那些龙卷风多发地区被称作"龙卷风走廊"。

# 风起云涌

大气层中空气的运动形成了风。风将冷、暖气流带向全球。有时和风习习；有时却狂风怒吼，力气大得足以扳倒大树，毁坏房屋。

### 气压

高气压控制的区域，空气堆积密度较大；而低气压控制的区域则空气密度较小。高气压通常会带来晴好天气，而低气压则常常导致狂风暴雨。

### 信风带(又称贸易风)

往赤道方向吹的偏东风。

### 上升气流

在低气压控制下，地球表面暖空气涡旋上升，上升的潮湿空气遇冷凝结，形成云和雨。

### 下沉气流

当空气涡旋向下运动，地球表层就形成了高气压。空气升温，导致凝结的水汽蒸发，云开雾散。

### 风

当风不断从高气压吹向低气压，就形成一个单圈环流。

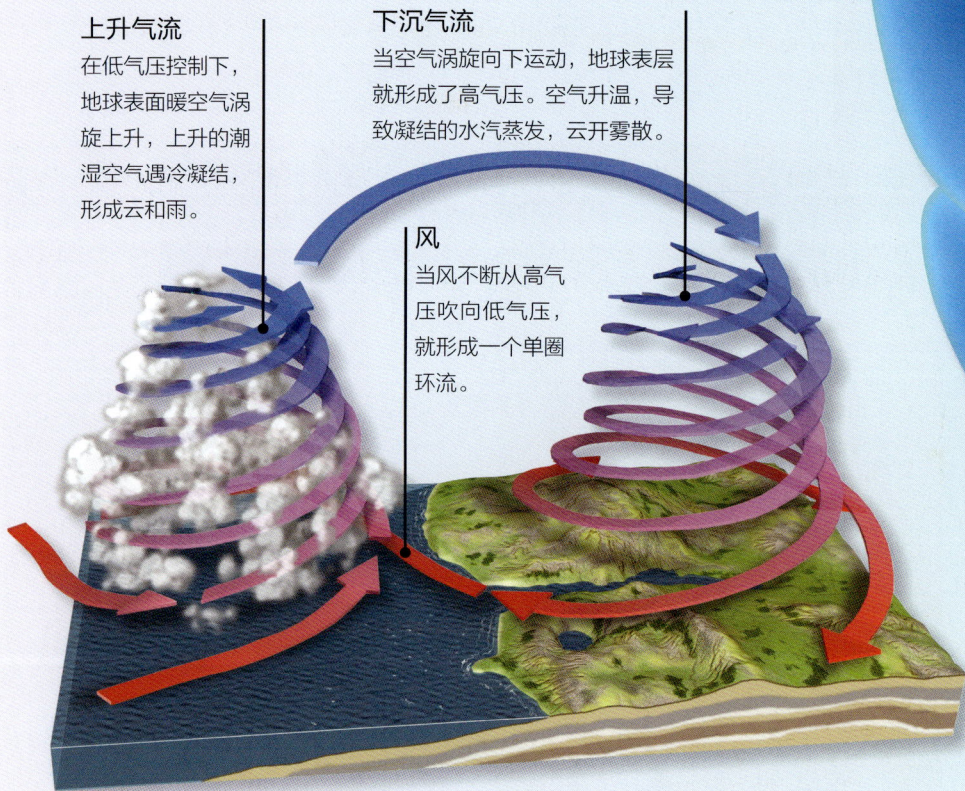

### 西风带

在中纬度地区由西往东刮的暖风。

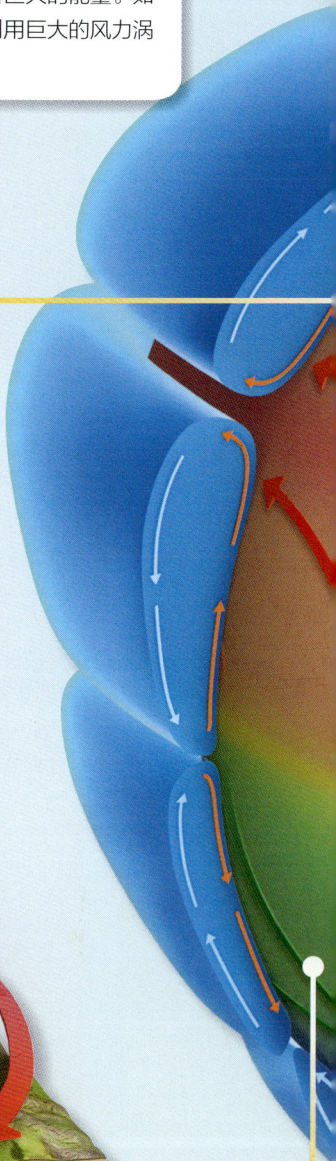

**极地风东风带**
从极地由东往西
刮的冷风。

**全球风带**
在大面积高气压与低气压相
互作用下形成了全球风带。暖空
气在热带地区上升，冷空气在极
地地区下沉，这些空气运动模式
促进了全球热量交换。

# 世界上的水

地球上所有的生命都需要水。97%以上的水都是以液态分布在海洋中，约覆盖地球表面积的71%。在太阳能驱动下，水在陆地、海洋和空气中循环往复，这个周而复始的过程就是水循环。

## 水循环

在阳光照射下，海洋、湖泊和河流表面的水受热蒸发形成水蒸气。水蒸气在天空中聚集成云，云又转化为雨或者雪，落回地面。

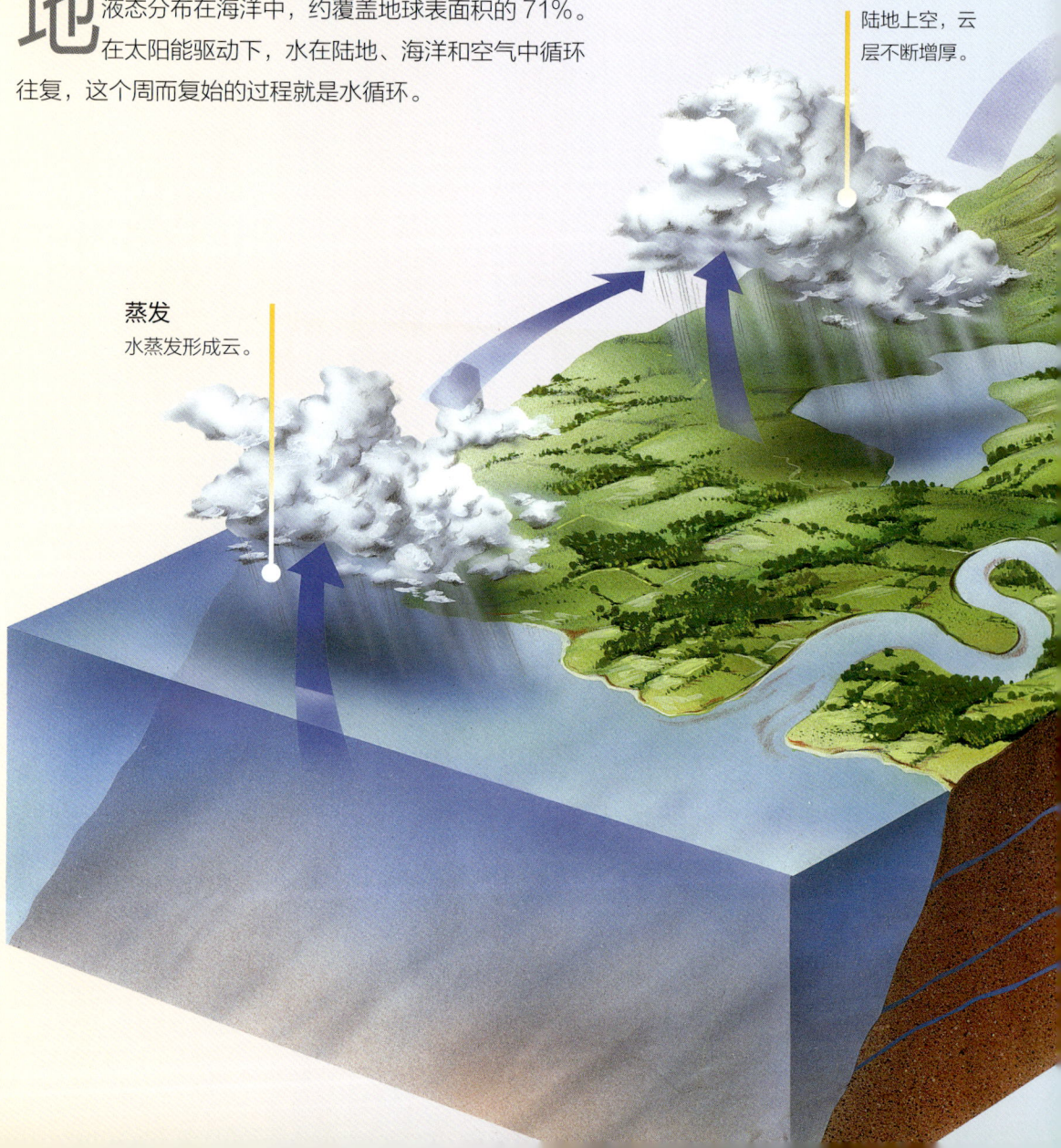

陆地上空，云层不断增厚。

**蒸发**
水蒸发形成云。

雨从云中落下。

## 不可思议！

尽管地球上水量丰沛，可饮用水却少得可怜。地球上的水，仅3%属于淡水，而且它们大部分是以冰的形态存在的。

### 小水滴

上百万的小水滴聚集在一起才形成了一滴雨。随着雨滴越变越大，它们就会从空中落回地球。

### 排水

雨水流入湖泊和河流，渗入地下河中。

### 冻结水

在冰冷空气的作用下，水蒸气会转化成冰或是雪。云团中空气的温度、水蒸气和冰晶决定了雪花的形状。

### 重返海洋

通过江河以及地下河，水重新回到大海的怀抱。

# 波浪的运动

海 水在外力的作用下形成波浪。大部分波浪都是在风力作用下形成的：通过空气与水分子之间相互摩擦，风将自己的一部分能量传递到海面。不过，海啸产生的惊涛骇浪并不是由于天气原因造成的，而是由于水下地震、火山爆发或水下滑坡引起海底震动导致的。

## 恶浪汹涌

当暴风雨来临时，狂风卷起巨大的海浪。巨浪在海面上高高耸立，有时甚至有五层楼那么高。排山倒海的海浪威力无比，能毁坏船只、海滩和房屋。

## 碎波临界点

接近岸边时，波浪下层水流速度减慢，波峰最终与之分裂，形成碎波。

波峰

波谷

## 摩擦刹车

当波浪涌向岸边的时候，速度会放缓，浅浅的海床与海水之间的摩擦力在这里充当了刹车的作用。

## 海浪的形成

风从海面吹过，为波浪形成提供了动力。波浪向上涌起，上方形成狭窄的波峰，之后向下运动，形成一个凹陷，称作波谷。波高就是指波峰到波谷的垂直距离。

**不可思议！**

海上巨浪的行进速度最快超过800千米/小时，抵达海岸之前浪高可达30米。

卷层云

卷云

积雨云

卷积云

**高云族**

在5 500米以上高空形成。

高层云

**千变万化的云**

　　云的种类千变万化。有的云洁白蓬松，这种云基本不会带来雨雪。有的云黑压压的，看着就让人害怕，这意味着倾盆大雨马上要降临了。云的形态各异，没有两片云是一模一样的。

高积云

**中云族**

在2 000~5 500米高空形成。

积云

层积云

层云

乱层云

**低云族**

在2 000米以下空中形成。

# 云的分类

**云** 是大量小水滴和冰晶汇聚在一起的产物。暖湿气流上升、扩散并遇冷，当气流温度降低，水蒸气凝结成小水滴，就形成了云。

**滩云**

　　滩云位于低空，呈水平方向分布，通常形成楔形，而且常与母云的底部相连。

**积云**

　　这种洁白蓬松的云朵常常在晴天出现。有时这些云团聚集在一起，会产生降雨，或者形成积雨云。积云通常都是小团的暖空气上升而形成的。

**漏斗云**

　　从积雨云下方生出，呈漏斗状不断旋转的空气就是漏斗云。不过，与龙卷风不同，漏斗云并不会接触地面，看着就像积雨云下面的"冰淇淋蛋筒"一样。

**荚状云**

　　风吹过高高的山脉时形成豆荚状的云朵。远远看去，荚状云就像盘旋在高海拔地区的圆盘。

**积雨云**

　　体积庞大浓厚的雷雨云，在天空中高高耸立。积雨云通常与恶劣天气息息相关，常常会带来降雨、冰雹和闪电。

# 雷暴天气

**有**时天气会变得恶劣异常。当大量冷空气突然到来，促使暖湿空气被迫抬升，就会产生雷雨。大片黑压压的雷雨云延绵好几千米，常常导致狂风大作，暴雨倾盆。

上层风

## 对流回波单体雷暴

在暖空气上升途中，云朵内部的空气由于风向不断改变而旋转，不久，整个云朵都跟着快速旋转起来。对流回波单体雷暴会导致狂风和龙卷风，还伴有闪电、冰雹和大雨。

## 飓风

飓风起初是大西洋和太平洋温暖湿润的海面上形成的热带风暴。飓风中心称之为"风眼"，那里其实风平浪静。这种破坏性极强的风暴来袭时，通常会带来狂风和暴雨。

中层风

## 龙卷风

龙卷风范围比飓风小，但是通常破坏性却比飓风厉害得多。龙卷风都带有漏斗状云柱，其产生的旋风风速为450千米/小时。龙卷风抵达地面时能掀翻车辆、摧毁建筑物。

尾部下沉气流

## 追踪雷暴

雷暴追逐者常常利用特殊的设备仪器和全副武装的车辆对这些破坏性极强的风暴进行追踪和观测。

**突破对流层**
强大的上升气流推
动云团越过对流层。

**上升气流**
中气旋是一股强力
旋转的上升气流。

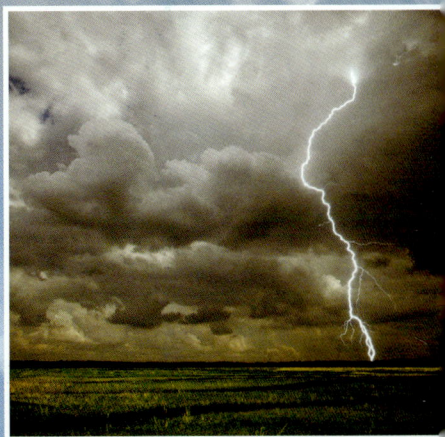

**闪电**
　　闪电燃烧时温度可达太阳温度的5倍
以上。手指头粗细的一道闪电，长度却可
以达到8千米以上。

大雨或者冰雹

# 致命的闪电

巨大的雷雨云内部正负电荷相互作用而形成的电流就是闪电。闪电的温度可达摄氏 30 000℃。科学家估计，每天世界各地发生的闪电高达三百万次。闪电时发出的声音就是雷声。

## 相关知识

在积雨云内部，当正电荷随着上升气流不断向上运动，而负电荷则在底部不断蓄积时，就可能发生闪电。地面因为受雷雨云下层大量负电荷的影响而带正电。

### 云空闪电

一团云携带的正电荷可能与周围带负电荷的空气发生放电。

### 云间闪电

闪电可以在一团云内部携带相反电荷的区域发生，也可在两团云之间出现。

### 云地间放电

如果地面有正电荷聚集，闪电就可能从云端向下直击地面。

## 不可思议！

闪电通常会袭击高层建筑或大树，纽约的帝国大厦每年大约会遭受100次雷击（电击）。

## 惊人的闪电

闪电和打雷是同时发生的，但是由于光传播的速度比声音传播的速度快得多，所以我们总是先看到闪电，再听到雷声。

### 伸出云端

闪电有时看起来像一片电光，有时形成许多短短的分叉，有时又像是长长的丝带，参差不齐地从云团中伸出来。

### 引发火灾

有时，雷击产生的高温能引爆树木，引起森林大火，甚至摧毁建筑物。

### 雷击触地

雷击可能沿树基到达地面，有时甚至能深入土壤。

**不出门，最安全**

暴风雪来临时，屋子里就是最佳的避难场所。待在屋内，等暴风雪过去之后再出门，就可以避免受到伤害。

# 咆哮的暴风雪

**暴**风雪是冬季严重的风暴灾害，它会带来狂风、暴雪，有时还会有冰雹。狂风夹着大雪以每小时 56 千米的速度袭来，能见度接近于零，这时如果在积雪的路面上驾车行驶将是非常危险的事情。

**积雪覆盖**

毫无预警的一场暴雪，厚厚地压在车辆和房屋上，给人们的日常生活带来诸多不便。

1888 年 3 月，一场被称为"白色强烈飓风"的暴风雪席卷了纽约，导致至少 400 多人丧生。

## 奇妙的雪花

每一朵雪花都有自己独一无二的形状图案，奇妙万千，令人赞叹。小冰晶在灰尘颗粒上凝结时的温度情况对雪花的形状有一定影响。

## 救援在路上

如果不幸遇上暴风雪，首先要做的就是保持冷静，同时保存好体力等候救援的到来。雪地车是暴风雪环境下的理想救援工具。

## 雪崩！

巨大的雪体从山坡上滑下就形成了雪崩。雪崩时，能将沿途的一切掩埋：树木、车辆、房屋、人，全都难以幸免。

### 湿雪崩

积雪融化时表层潮湿或者冻结，如果这时有新的降雪，湿雪层不易吸附，引起雪崩。

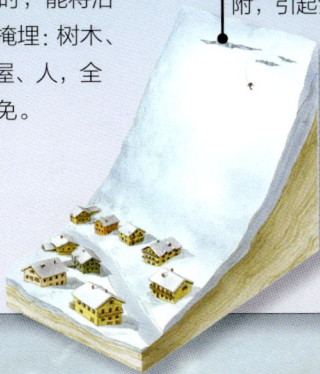

### 开始下滑

雪体无法支撑自身的重量，开始向山下滑动。

### 危险的雪浪

救生犬能查找出被雪崩活埋的生命。

# 旱灾

某一地区在很长时间内，有时甚至是数年内，降水稀少就会引发干旱。干旱可能持续数月、甚至数年，这意味着农民没有足够的水源浇灌田地，庄稼无法正常生长；干旱也可能导致草原上没有茂盛的青草来放牧牛羊。没有降雨，江河会干涸断流，甚至完全消失。

羚羊兔

## 动物是如何幸存的

经历了上百万年的进化，动物已经适应了地球上千差万别的气候。这种适应性可能是生理上的，如：披上厚厚的毛皮；也可能是行为习惯上的，如：挖掘地洞，躲进洞里。有些动物在极端温度下会进入休眠状态（冬眠和夏眠），而另一些则会迁徙到其他地区，寻找新的栖息地。

### 长短的秘密

北极兔和雪兔，腿短，耳朵也不长，在寒冷的气候下可以减少体表热量散失。相比之下，黑尾长耳大野兔和羚羊兔却长着修长的四肢，耳朵也很长，在炎热的天气下有利于散热。

北极兔

黑尾长耳大野兔

雪兔

### 会挖洞的青蛙

干旱时节，一些会挖洞的青蛙为了防止自身水分散失，会将湿润的表皮蜕下，并钻入蚕茧一般的皮囊中。它可以保持这种状态在地底下待上好几年，或者等到雨季来临才会从休眠状态苏醒过来。

**龟裂的大地**

　　严重缺水的土壤在阳光的
暴晒下变硬、收缩。之后，即
使下雨了，地面也可能因为太
硬而无法吸收水分，导致雨水
白白流走。

　　澳大利亚是有人类居住的最干旱的大陆之一。最近，整个澳大利亚东部地区都遭受了旱灾，这场灾害预计将给澳洲政府带来30亿美元的损失。

# 天气预报

我们常常通过电视、收音机、以及互联网看到或是听到天气预报。可是这些报告来自哪里？它们是怎么做出来的呢？气象学家是专门负责天气预报的人。他们通过研究数据，分析天气形势，就可以对今后几天的天气情况做出预测。

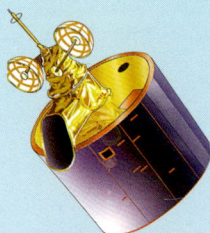

地球同步卫星

### 超级卫星云图

2007年2月，一张3D气象卫星云图记录了飓风"法维奥"从马达加斯加过境的情况。图中用红色标出的地方就是这次强烈风暴的云顶。在超级计算机的帮助下，气象学家们绘制出的气象预报比过去可要准确多了。

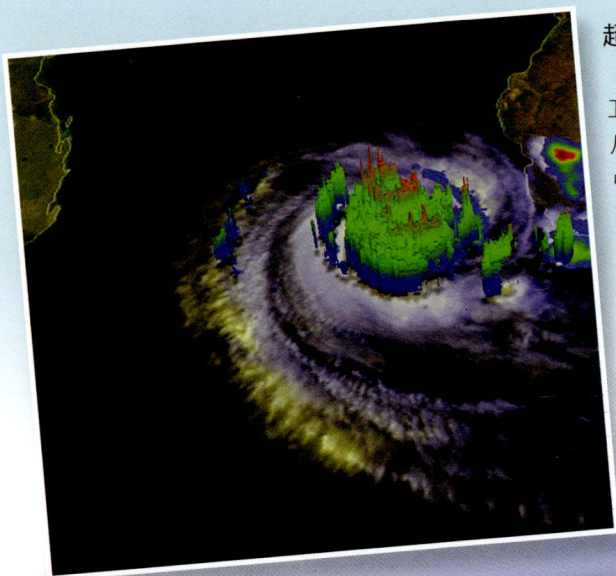

极轨卫星

气象浮标

雷达站

商船

气象研究飞机

**气象中心**
接收和处理天气数据的中心。

# 读懂气象图

如果在电视或是报纸上看到一张气象图，你有没有想过怎样才能读懂它？符号"H"表示这些地区由高气压控制；而符号"L"则表示这些地区由低气压控制。

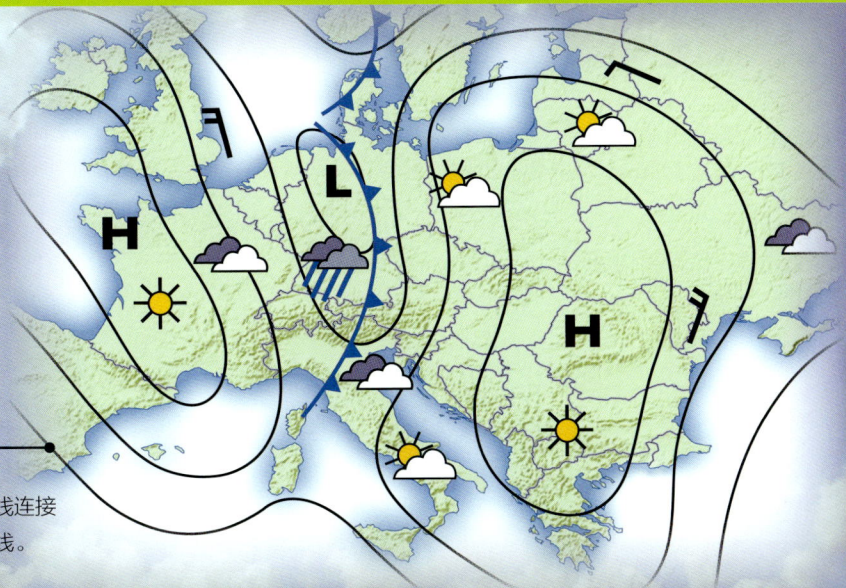

## 等压线

将气压相等的地点用线连接起来形成的就是等压线。

## 天气符号

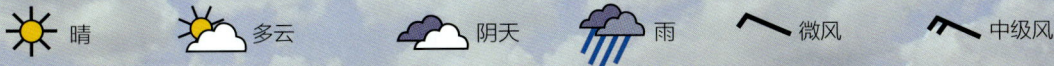

☀ 晴　　🌤 多云　　☁ 阴天　　🌧 雨　　＼ 微风　　⟋ 中级风

# 报告周期

人们利用各种设备收集天气信息，然后把信息送达气象中心。气象学家对这些数据进行分析整理，并绘制出气象预报。这时，气象预报才能通过各种媒体向全球发布，供人们参考。

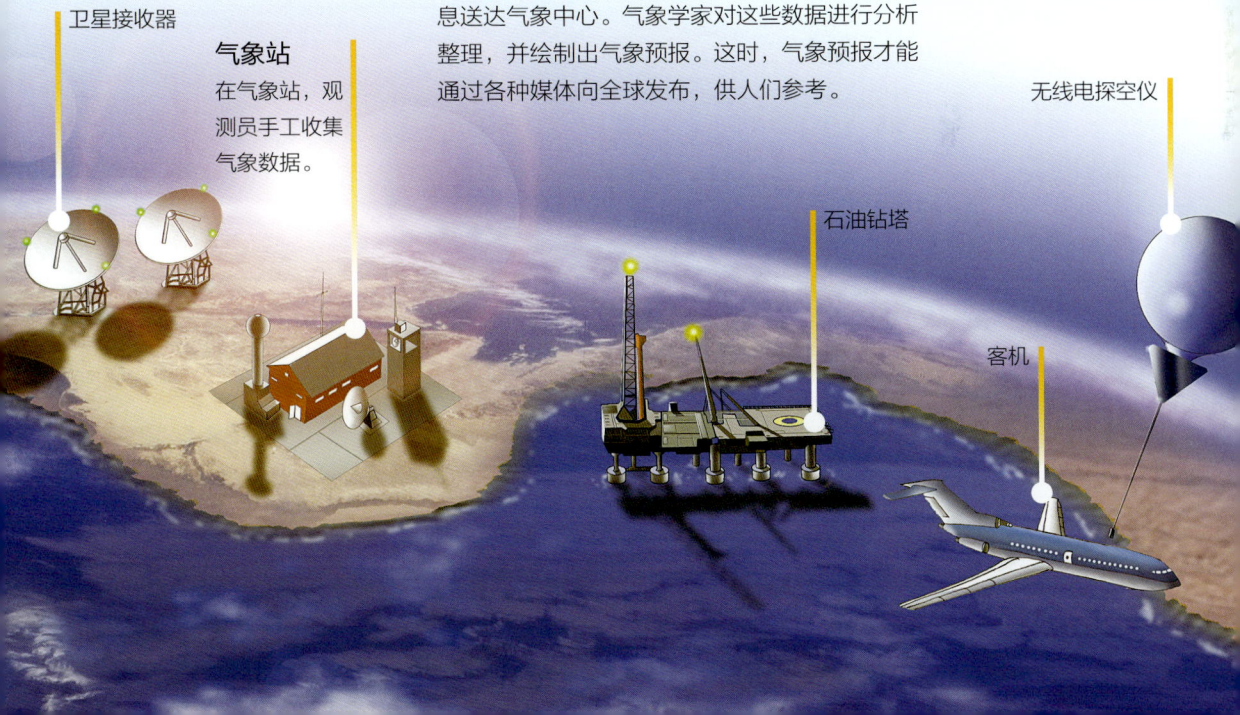

卫星接收器

气象站

在气象站，观测员手工收集气象数据。

石油钻塔

无线电探空仪

客机

# 气候改变

**如**今，绝大多数科学家都认为地球正在变暖。这对环境影响很大。地球的平均气温不断升高的现象被称为全球气候变暖。有确凿的证据显示，人类是制造这一问题的罪魁祸首。许多科学家表示，气温上升将令极端天气在全球范围内来得更猛烈、更频繁。

## 海平面上升

全球气候变暖导致地球不断升温，极地冰川融化。据估计，自从20世纪50年代以来，南极冰架正在以每10年7%的速度不断缩减。冰川融化导致海平面上升。过去100年，海平面抬升了20厘米。海平面上升会导致许多低洼地区发生洪涝灾害，甚至会导致某些小岛消失不见。

## 濒危野生动物

　　每年由于气候改变而濒危的物种越来越多，而且几乎所有的动物门类都无一幸免。气候变化和极端天气正不断破坏动物们的生存环境，许多动物都在挣扎求生。

**两栖动物**

30%的物种濒临灭绝。

**哺乳动物**

22%的物种濒临灭绝。

**鸟类**

12%的物种濒临灭绝。

**爬虫类**

5%的物种濒临灭绝。

# 自制云朵

这个小实验你可以自己动手做，不过做实验的同时，身边一定要有大人陪同哦！

**1** 将瓶子的标签撕去，并清洗干净。清洗时不要用肥皂液，也不要将瓶内水分晾干。

**2** 在瓶内注入少量热水，水量只要盖住瓶底即可。拧上瓶盖，摇一摇，让小水滴附着在瓶内壁上。然后将多余的水倒出。

**3** 让父/母亲小心地点燃火柴，并让它燃烧一会儿（从1数到5）。

**4** 吹灭火柴，扔入瓶中。

**5** 将瓶盖尽量拧紧，摇2~3下。

**6** 慢慢挤压瓶子中部，挤压，松开，挤压，松开，直到你看见云团在瓶中形成。这也许要等上一会儿，而且一定要不断重复挤压松开的动作，云团才会形成。

**7** 挤压数次以后，当你松开手，你就能看到云团出现了。如果你看不到，就把瓶子拿到一块深色的背景前面，这样会看得比较明显。

**8** 如果你想结束实验，那么只需打开瓶盖，让你的云飘走就可以了。

# 知识拓展

**适应性 (adapted)**
　　指的是动物为了生存而在生理或者行为上发生相应的改变。

**海拔 (altitude)**
　　某物高出地面或海平面的垂直距离。

**风速计 (anemometer)**
　　用来测量风速的仪器。

**大气层 (atmosphere)**
　　在地球重力吸引下，包围地球的一层空气。

**地轴 (axis)**
　　一条贯通地球南、北两极的假想直线，地球不停地绕着这个假想的轴运转。

**气候 (climate)**
　　某一地区在很长一段时间内的天气状况。

**对流 (convection)**
　　在太阳的照射下，地表空气受热产生上升和下降运动。

**干旱 (drought)**
　　相当长的一段时间内降雨量低于平均水平。

**蒸发 (evaporate)**
　　液体从液态变成气态。

**预报 (forecasting)**
　　气象专家利用科学技术预测某一地区未来的天气状况。

**摩擦力 (friction)**
　　两个物体相互摩擦时产生的阻力。

**全球气候变暖 (global warming)**
　　地球平均温度上升。

**湿度 (humidity)**
　　空气的干燥程度（水汽含量）。

**冰晶 (ice crystals)**
　　微小的冰颗粒，它们聚集在一起可形成云、霜、和冰晶雾。

**气象学家 (meteorologist)**
　　研究天气变化各种过程并分析其原因的科学家。

**太阳辐射 (radiation)**
　　太阳的能量以光线或者波的形式发射和传送的方式就是太阳辐射。

**人造卫星 (satellites)**
　　环绕地球轨道运行的航天器，可观测大气层和天气变化。

**雪地车 (snowmobile)**
　　适合在雪地上行驶的交通工具，车子前部装有滑雪板，并依靠履带前进。

**对流回波单体雷暴 (supercells)**
　　大型雷暴，其特点是出现深度的、高速旋转的上升气流。

**对流层 (troposphere)**
　　地球大气最下一层，厚度达20千米。

**海啸 (tsunami)**
　　由于海底地震或海底火山喷发而形成的巨大海浪。

**天气 (weather)**
　　某一地区或某一时间的地球大气状况。

# 探索·科学百科™

## Discovery EDUCATION™

· 世界科普百科类图文书领域最高专业技术质量的代表作 ·

## 小学《科学》课拓展阅读辅助教材

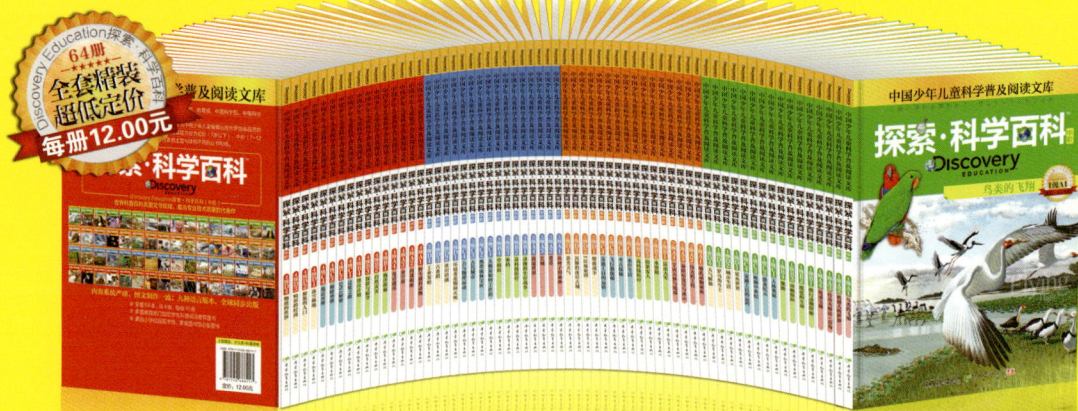

64册
全套精装
超低定价
每册12.00元

Discovery Education探索·科学百科（中阶）丛书，是7~12岁小读者适读的科普百科图文类图书，分为4级，每级16册，共64册。内容涵盖自然科学、社会科学、科学技术、人文历史等主题门类，每册为一个独立的内容主题。

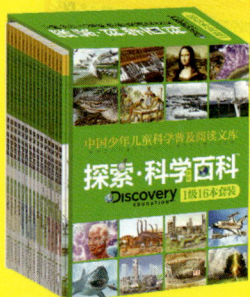

Discovery Education
探索·科学百科（中阶）
**1级套装（16册）**
定价：192.00元

Discovery Education
探索·科学百科（中阶）
**2级套装（16册）**
定价：192.00元

Discovery Education
探索·科学百科（中阶）
**3级套装（16册）**
定价：192.00元

Discovery Education
探索·科学百科（中阶）
**4级套装（16册）**
定价：192.00元

Discovery Education
探索·科学百科（中阶）
**1级分级分卷套装（4册）（共4卷）**
每卷套装定价：48.00元

Discovery Education
探索·科学百科（中阶）
**2级分级分卷套装（4册）（共4卷）**
每卷套装定价：48.00元

Discovery Education
探索·科学百科（中阶）
**3级分级分卷套装（4册）（共4卷）**
每卷套装定价：48.00元

Discovery Education
探索·科学百科（中阶）
**4级分级分卷套装（4册）（共4卷）**
每卷套装定价：48.00元